Meine LIEBSTEN WICHTEL-GESCHICHTEN

Ein zauberhaftes Weihnachtsbuch für Kinder über magische Wichtel und den Zauber der Weihnachtszeit

Liebe Lesefreunde,

Dieses Buch wurde mit viel Liebe gestaltet –
für kleine und große Leserinnen und Leser, die sich gern verzaubern lassen.
Es verbindet Fantasie **mit wertvollen pädagogischen Werten** und lädt dazu ein, gemeinsam zu träumen, zu lachen und spielerisch zu entdecken, was wirklich wichtig ist.

Dieses Buch ist ein **Vorlesebuch** über kleine magische Wichtel, die spannende und **zauberhafte** Abenteuer erleben.
Die Geschichten sind dafür gedacht, dass Eltern, Großeltern oder andere Vorlesende sich **bewusst Zeit** nehmen, um sie gemeinsam mit den Kindern zu entdecken.
Denn Vorlesen schafft **Nähe, stärkt die Fantasie** und macht die Welt der Wichtel erst richtig lebendig.
So wird jede Geschichte zu einem besonderen Moment, den Kinder lange in **Erinnerung** behalten.

Liebe Eltern,
liebe Tanten,

liebe Onkel, liebe Lesepaten,
nehmt euch Zeit, setzt euch bereit,
Vorlesen schenkt Geborgenheit.

Im Kuschelschein der Winterstunden,
wo draußen Schnee die Welt umrunden,
entsteht ein Zauber leis' und sacht,
der Herzen froh und wärmer macht.

Ein Märchen, Bild oder Gedicht,
entzündet Funken, strahlt im Licht.
Die Kinderohren hören gern,
die Fantasie reist nah und fern.

Drum nehmt euch Zeit, ganz ohne Eile,
Vorlesen wirkt noch lange Weile.
Es schenkt Vertrauen, Nähe, Glück –
ein Stück Magie kehrt so zurück.

Liebe Kinder,
Große, Kleine,

kommt mit uns in Welten, feine.
Durch den Winter, leis' und wacht,
führt euch dieses Wichtelbuch sacht.

Beim Vorlesen öffnen sich Türen weit,
zu Fantasie und Wichtelzeit.
Ihr hört, ihr lacht, ihr träumt euch fort,
an einen hellen, magischen Ort.

Und wenn ihr wollt, malt euer Bild,
wie ihr die Geschichte seht und fühlt.
„*Mein Fantasiebild*" heißt jede Seite,
ein Platz, der Fantasie und Träume leite.

So schenkt das Buch euch Glanz und Zeit,
mit Wärme und Licht zur Weihnachtszeit.

Inhalt

1

Lumo, Finja und die Geschenkwerkstatt

Es war einmal, tief verborgen im verschneiten Wald, ein kleines Wichteldorf, das sich langsam in ein Weihnachtswunderland verwandelte. Zwischen Tannen, die wie mit Puderzucker bestäubt wirkten, und funkelnden Eiszapfen, bereiteten sich die Wichtel voller Vorfreude auf das große Weihnachtsfest vor. Überall duftete es nach Zimt und warmen Kakao.

Dort lebte Lumo, ein gutmütiger Wichtelpapa, zusammen mit seiner Tochter Finja. Lumo war der Besitzer einer Geschenkwerkstatt, die tief im verschneiten Wichteldorf lag. Dort glitzerte es wie in einem Wintertraum – hier entstanden die Geschenke der Weihnachtszeit, von Hand gefertigt und von einer großen Maschine in zauberhaftes Papier gehüllt.   Finja war Lumos Tochter, die neugierigste und fröhlichste Wichtelin in der ganzen Werkstatt. Jeden Tag bastelte sie kleine Überraschungen für die Kinder der Menschenwelt. Sie liebte es, die Namenskarten zu schreiben und sie mit goldenen Sternchen zu verzieren.

Draußen lag Nivio, der schneeweiße Fuchs. Sein Fell glitzerte im Licht der Kerzen und er hob neugierig den Kopf, wenn Finja laut lachte.
„Nivio will bestimmt auch helfen!“, rief Finja und warf ihm ein rotes Band zu. Der Fuchs schnappte es und lief stolz damit davon.
„Na wunderbar“, murmelte Lumo, „jetzt haben wir auch noch einen Schleifendieb in der Werkstatt.“
Finja kicherte, und ihr Lachen klang wie ein helles Glöckchen. Draußen fiel leise Schnee, und in der kleinen Geschenkfabrik begann ein weiterer Tag voller Glitzer, Gelächter und ein bisschen Wichtelchaos.
„So, meine kleine Wichtelin“, sagte Lumo und rieb sich die Hände. „Heute schaffen wir besonders viele Geschenke!“
Er ging mit großen Schritten durch die Werkstatt, und dabei wackelte seine rote Mütze hin und her. Lumo war ein herzensguter, aber ziemlich tollpatschiger Wichtel. Wenn er sich bewegte, klirrte und klimperte es, als würde die Werkstatt mitlachen.
Neugierig beugte er sich über die große Geschenkemaschine. Die vielen bunten Knöpfe funkelten im Kerzenschein. „Ein bisschen Glitzer hier, ein bisschen Papier dort – das läuft ja wie geschmiert!“, murmelte er zufrieden.

Da stieß er mit dem Ellbogen gegen einen kleinen Hebel. Klack! Ein leises Rattern erklang, und das Laufband setzte sich in Bewegung – ganz von allein! „Äh ... das sollte eigentlich noch gar nicht losgehen", murmelte Lumo. „Papa?", fragte Finja und trat einen Schritt näher.

„Alles unter Kontrolle", behauptete Lumo rasch, doch in seinen Augen blitzte Unsicherheit.

Aus der Maschine wirbelte plötzlich eine Wolke aus Glitzer durch die Luft. Nivio nieste laut und Finja prustete vor Lachen. „Papa, du glitzerst ja überall!"

„Oh nein", brummelte Lumo. „Jetzt bin ich selbst ein Weihnachtsstern!" Doch die Maschine dachte gar nicht daran, stillzustehen. Das Brummen wurde lauter, das Laufband schneller – und schon flatterten Bögen Geschenkpapier durch die Luft.

„Äh ... also, das gehört so!", rief Lumo und rannte um die Maschine herum. „Papa!", rief Finja erschrocken. „Die macht ja ganz von allein weiter!"

„Ich glaube, dieser hier war der Stoppknopf ... oder vielleicht der Glitzerknopf?" murmelte Lumo und drückte einen Knopf. Dann noch einen.

Ping! Ratter! Surr! Ein Regen aus goldenen Schleifen fiel auf ihn herab, und ein rotes Band wickelte sich um seinen Arm. Finja lachte. „Papa, du wirst ja selbst eingepackt!"

„Ich hoffe, mit Schleife!", scherzte Lumo und versuchte, sich zu befreien.

Doch die Maschine brummte nur lauter und der Glitzer tanzte wie Schnee durch die Luft.

Finja blinzelte durch den Glitzernebel. Überall flatterten Schleifen, Papier und funkelnde Sterne. Die Maschine schnaufte und ratterte, als wolle sie das ganze Weihnachtsfest auf einmal ausspucken.

Lumo stand mittendrin, über und über mit Glitzer bedeckt. Ratlos sah er auf das blinkende Durcheinander aus Knöpfen, Hebeln und Rädern. „Ich weiß einfach nicht, was ich tun soll“, murmelte er und ließ die Schultern sinken.

Da trat Finja zu ihm, legte ihm ihre kleine Hand auf den Ärmel und sah ihn fest an. „Papa, das schaffen wir! Zusammen.“

Für einen Moment sagte Lumo nichts. Dann nickte er langsam und in seinem Blick lag ein warmes, liebevolles Funkeln.

Da fiel Finjas Blick auf die Maschine. Zwischen all dem Glitzer entdeckte sie etwas Weißes im Zahnrad blitzen. Neugierig beugte sie sich vor, schob ein rotes Band beiseite und erkannte das Problem – ein Stück Papier hatte sich verklemmt!

„Da steckt was!“, rief sie, griff danach und zog vorsichtig daran. Mit einem kleinen Ruck löste sich das Papier. Die Maschine surrte ein letztes Mal, dann wurde es still. Nur ein weiches Summen blieb, wie eine leise Weihnachtsmelodie.

Lumo blinzelte überrascht, dann lachte er erleichtert. „Finja ... du hast sie gerettet!"
Finja strahlte. „Na klar. Manchmal sehen kleine Augen eben mehr."
Lumo hob sie auf, drehte sich lachend im Kreis, und feiner Glitzer schwebte wie Schneestaub durch die Luft. Die Werkstatt sah nun aus, als wäre ein Stern darin explodiert. Überall glitzerte es, Schleifen hingen an den Regalen und auf dem Boden schimmerte ein Teppich aus Goldstaub.
Lumo betrachtete das Durcheinander, kratzte sich am glitzernden Bart und grinste. „Na, wenn das kein weihnachtliches Kunstwerk ist!" Finja lachte, und Nivio wedelte eifrig mit dem Schwanz, als wäre er ganz derselben Meinung. Einen Moment lang standen sie einfach da, mitten im Chaos, das plötzlich gar nicht mehr nach Chaos aussah – sondern nach Weihnachten!
„Papa?", flüsterte Finja. „Ich glaube, das Schönste an Weihnachten sind gar nicht die Geschenke."
Lumo legte den Arm um sie und nickte. „Wenn man zusammenhält und sich gegenseitig hilft, wird Weihnachten noch schöner – ganz egal, wie viele Geschenke es gibt."
Draußen fiel leise der Schnee und über dem Wichteldorf glitzerten die Sterne – fast so hell wie das Lächeln in Lumos Gesicht.

Mein Fantasiebild:

Hier habt ihr Platz, um eure Gedanken und
Fantasiebilder zu der Geschichte zu malen♡

2

Nivo und der Herzlichtbaum

Mitten im verschneiten Wichteldorf, wo die Bäume wie mit Diamanten bestäubt glänzten und die Welt wie aus funkelndem Kristall wirkte, lag ein zarter Hauch von Weihnachten in der Luft. Über den Dächern wehten Glöckchenklänge vom Marktplatz, wo sich die Wichtel auf das Fest vorbereiteten – mit Lichtergirlanden, Zimtsternen und warmem Apfelpunsch. Drinnen saß Nivos Opa vor dem warmen Schein des Kamins und wirkte nachdenklich. Die kleinen Flammen warfen tanzende Schatten an die Wand und der Duft von frisch gebackenem Wichtelbrot erfüllte die Luft.

„Opa, warum siehst du so traurig aus?", fragte Nivo neugierig. „Ach, mein Junge", seufzte der Alte, „der Herzlichtbaum ist schwach geworden. Sein Licht, das unsere Herzen wärmt, scheint weniger stark als früher. Wenn wir ihn nicht besuchen, wird er vielleicht nicht genug Kraft haben, uns das ganze Jahr über zu erfüllen."

Nivo rannte zu Taro. „Papa, wir müssen dem Herzlichtbaum helfen! Wir müssen hin!"

Taro nickte ernst. „Dann machen wir uns auf den Weg, Nivo. Gemeinsam schaffen wir es."

Sie stapften durch den tiefen, funkelnden Schnee, der unter ihren Stiefeln leise knirschte. Kleine Eiskristalle glitzerten an den Ästen wie tausend winzige Lichter und ihre Atemwölkchen stiegen wie silberner Rauch in die klare Winterluft. Über ihnen spannte sich der Himmel wie ein dunkles Samtband, durchsetzt mit Sternen, die wie winzige Weihnachtslichter funkelten.

„Siehst du, Nivo?", sagte Taro. „Da vorne ist die Lichtung."

Als sie die Lichtung erreichten, erblickten sie den Herzlichtbaum. Seine Zweige hingen schwer vom Schnee, und das Licht in der Krone flackerte nur schwach – wie eine Kerze am Ende eines langen Adventstags.

„Er sieht so traurig aus", flüsterte Nivo. „Was können wir tun?"

„Wir müssen zuerst ins Dorf zurückkehren", erklärte Taro sanft, „denn der Herzlichtbaum wird stärker, wenn jedes Herz ihm etwas schenkt. Jeder Wichtel darf eine kleine Kugel nehmen und sie mit einem Gedanken, einem Wunsch oder einem Spruch füllen – voller Mut, Freundschaft und Liebe.

Wenn wir all diese kleinen Wunder dem Baum bringen, wird sein Licht wieder kräftig erstrahlen und unsere Herzen mit Wärme erfüllen."

Nivo nickte eifrig. „Dann lassen wir uns keine Zeit!"

Sie wanderten zurück durch den verschneiten Wald. Unterwegs erzählte Taro Nivo, dass jedes Leuchten im Herzlichtbaum ein kleines Stück der Wärme und Freude aller Wichtel aufnahm. „Wenn wir zusammenhalten, wird er stärker sein als je zuvor", sagte er.

Zurück im Dorf versammelten sie alle Wichtel um den großen Platz. Nivo erklärte aufgeregt: „Der Herzlichtbaum braucht unsere Hilfe! Wenn wir alle zusammenarbeiten, kann er wieder leuchten und unsere Herzen das ganze Jahr über wärmen."

Die Wichtel hörten aufmerksam zu. Jeder nahm eine kleine, glitzernde Kugel und setzte sich hin, um nachzudenken. Bald begannen sie, die Kugeln mit wunderschönen Worten zu füllen:

- „Freunde halten immer zusammen."
- „Mut bedeutet, es zu versuchen, auch wenn man Angst hat."
- „Liebe macht jedes Herz warm."
- „Ein Lächeln kann den dunkelsten Tag erhellen."
- „Wenn wir einander helfen, können wir alles schaffen."

Die Luft war erfüllt vom leisen Knistern des Schnees und den sanften Stimmen der Wichtel, die ihre Gedanken in die Kugeln flüsterten. Es war, als würde der ganze Platz vor Magie summen.

Als alle Kugeln fertig waren, machten sich Taro und Nivo auf den Weg zurück zum Herzlichtbaum. Die Wichtel folgten ihnen in einer langen Reihe, jeder vorsichtig über die verschneiten Wege tretend.
Unterwegs erzählte Taro Nivo, dass jedes Leuchten im Herzlichtbaum ein kleines Stück der Wärme und Freude aller Wichtel aufnahm. „Wenn wir zusammenhalten, wird er stärker sein als je zuvor", sagte er.
An der Lichtung angekommen, legten die Wichtel die Kugeln behutsam in die Wurzeln des Baumes.
Ein sanftes, goldenes Licht begann zu strahlen. Die Zweige hoben sich, und das Licht in der Krone leuchtete heller als je zuvor. Die Luft war erfüllt von Wärme und die Wichtel spürten die Kraft der Gedanken und Sprüche, die sie hineingelegt hatten.

„Siehst du, Nivo?", sagte Taro lächelnd. „Gemeinsam können wir Großes bewirken. Mut, Freundschaft und Liebe bringen das Herzlicht zum Leuchten."
Von diesem Tag an wussten alle Wichtel: Solange sie einander achteten und mit Liebe, Güte und Freundlichkeit im Herzen lebten, würde der Herzlichtbaum sie immer mit Wärme erfüllen – durch die längsten Winternächte und weit über das Weihnachtsfest hinaus.

Und jedes Jahr zur Weihnachtszeit, wenn Schneeflocken die Dächer bedeckten und Lichter die Fenster schmückten, feierten die Wichtel ihr Herzlichtfest. Sie füllten kleine, funkelnde Kugeln mit Gedanken voller Güte, Hoffnung und Herzenswärme und legten sie in die Wurzeln des Herzlichtbaums. Dann leuchtete er wieder hell – als Zeichen dafür, dass der wahre Weihnachtszauber dort entsteht, wo Liebe, Mut und Freundschaft zusammenkommen.

Mein Fantasiebild:

3

Das kleine Licht im Wald

Mitten im verschneiten Wichteldorf, wo die Dächer der kleinen Häuser unter glitzernden Schneemützen schlummerten und aus den Schornsteinen der Duft von Zimtsternen, Kakao und Weihnachtsplätzchen stieg, lebten zwei kleine Wichteljungen: Aiko und Maro.
Die beiden waren unzertrennlich. Jeden Tag bauten sie Schneehöhlen, rutschten kleine Hügel hinab oder lauschten den Geschichten der Alten beim Schein der Lichterketten, die das Dorf im Advent schmückten. Doch an diesem Abend wirkte Maro nachdenklich. „Aiko", flüsterte er, „morgen sollen wir Holz für das Weihnachtsfeuerfest im Dunkelwald holen. Aber ... der Wald macht mir Angst. Er ist so still und so dunkel." Aiko legte ihm eine Hand auf die Schulter. „Ich hab auch ein bisschen Angst. Aber wir sind zusammen – und zusammen schaffen wir's."
In diesem Jahr durften Aiko und Maro zum ersten Mal etwas Wichtiges für das Fest tun.

Die großen Wichtel waren mit allerlei anderen Vorbereitungen auf das Fest beschäftigt. Deshalb sollten Aiko und Maro das Holz für das Weihnachtsfeuerfest holen.
Am nächsten Abend machten sich die Beiden auf den Weg. Der Schnee knirschte leise unter ihren Stiefeln und die Laternen im Dorf warfen warmes Licht auf die Wege. Doch je weiter sie gingen, desto schwächer wurde das Licht – bis schließlich nur noch der Mond und die Sterne den Weg erhellten.
„Siehst du die Schatten dort?“, fragte Maro mit klopfendem Herzen.
„Ja“, antwortete Aiko ruhig. „Aber Schatten sind nur dunkle Bilder vom Licht. Sie können uns nichts tun.“
Maro atmete tief durch. „Vielleicht hast du recht.“
Gemeinsam stapften sie weiter, immer tiefer in den Wald hinein. Die Bäume wurden dichter, ihre Äste hingen schwer vom Schnee. Manchmal knackte es im Unterholz, als würde jemand folgen. Maro drückte sich dichter an seinen Freund.
„Ich wünschte, wir hätten mehr Licht“, murmelte er.

Da fiel Aiko etwas ein. „Meine Oma hat mir erzählt, dass jeder Wichtel ein kleines Licht in sich trägt – Mut, der hell wird, wenn man ihn braucht."

„Aber wie soll das gehen?", fragte Maro unsicher.

„Vielleicht müssen wir's nur ausprobieren."

Aiko blieb stehen, schloss die Augen und dachte an alles, was ihn stark machte: an seine Familie, an jedes Mut Abenteuer – und an die Freundschaft mit Maro.

Und wirklich: Sein Herz fühlte sich warm an und als er die Augen öffnete, schimmerte ein kleines, goldenes Licht in seiner Hand.

„Siehst du das, Maro?", rief Aiko staunend.

Maros Augen wurden groß. „Das ist unglaublich!"

„Du kannst das auch", ermutigte ihn Aiko.

Maro legte die Hände an sein Herz, dachte an seine Mama, die ihn abends immer zudeckte, und daran, wie Aiko ihn nie allein ließ. Langsam begann auch in seinen Händen ein kleines Licht zu leuchten – erst schwach, dann heller.

Zwei winzige Lichter tanzten im Dunkelwald – wie kleine Sterne, die den Schatten ihre Macht nahmen.

Mit ihren Lichtern voran wagten sich die Freunde tiefer in den Wald. Die Schatten wichen zurück, und der Weg wirkte nicht mehr so bedrohlich.
Bald fanden sie die alte Lichtung, auf der trockenes Holz lag. Gemeinsam sammelten sie die Stöcke und stapelten sie auf. Maro lachte erleichtert: „Siehst du? Es ging leichter, als ich dachte."
„Weil du dein Licht gefunden hast", sagte Aiko stolz. „Angst zu haben ist nicht schlimm – aber Mut ist, trotzdem weiterzugehen."
Mit den Armen voller Holz machten sich die beiden auf den Rückweg. Die kleinen Lichter begleiteten sie noch eine Weile, bis sie das Wichteldorf erreichten. Dort erloschen sie langsam – doch ihre Wärme blieb in den Herzen der Jungen, wie ein kleines Weihnachtslicht, das weiterleuchtet.
Die Wichtel nahmen Aiko und Maro in Empfang, voller Stolz und mit warmen Blicken.
Maro lächelte. „Wir hatten Angst. Aber wir hatten auch uns. Und das Licht."
Die Ältesten nickten zufrieden. „So ist es", sagte eine alte Wichtelfrau. „Mut bedeutet nicht, keine Angst zu kennen. Mut bedeutet, im Dunkeln ein Licht zu entzünden."

An diesem Abend saßen Aiko und Maro am großen Feuer des Weihnachtsfeuerfests in der Mitte des Dorfes. Die Flammen loderten hell, doch das wärmste Feuer brannte in ihren Herzen.
„Weißt du was?“, sagte Maro. „Wenn ich wieder Angst habe, dann denke ich an mein Licht. Und daran, dass du bei mir bist.“
Aiko grinste. „Und ich an dich. Denn manchmal ist das größte Licht einfach ein guter Freund.“
Überall im Dorf funkelten die Lichter und der Duft von Plätzchen, Tannenzweigen und Kakao lag in der Luft. Die Wichtel sangen leise Lieder, und über allem lag ein stiller, friedlicher Glanz.

Und während draußen leise der Schnee fiel, wussten die beiden: Egal, wie dunkel ein Weg sein konnte – zusammen würden sie ihn immer erhellen.
Denn das ist Weihnachten: füreinander da zu sein, einander Mut zu machen – und gemeinsam Licht in die Welt zu bringen.

Mein Fantasiebild:

4

Die Winterprinzessin

Im verschneiten Wichteldorf zeigte sich der Winter in seiner allerschönsten Pracht. Die Dächer der kleinen Häuser trugen glitzernde Schneemützen, die Fenster leuchteten warm im Schein der Kerzen, und über allem spannte sich der Himmel wie ein tiefblaues Tuch, bestickt mit tausend funkelnden Sternen. Aus den Schornsteinen stieg duftender Rauch, der nach Honigkuchen und gebrannten Äpfeln roch, denn das Weihnachtsfest stand kurz bevor. Die Wichtel hatten sich am großen Feuerplatz versammelt. Es war einer jener Abende in der Adventszeit, an denen die alten Wichtel Geschichten erzählten – Geschichten, die so alt waren, wie der erste Schnee. Die Kinder drängten sich dicht zusammen, die Nasen gerötet von der Kälte, die Augen groß und gespannt. Die Flammen knackten, Funken stiegen in die klare Winternacht, und der älteste Wichtel erhob sich. Seine Stimme klang geheimnisvoll, als er sprach:

„Tief im Dunkelwald, wo kaum ein Sonnenstrahl den Boden berührt und das Eis wie Kristalle in den Ästen hängt, lebt eine Prinzessin. Ihr Name ist Iana, die Winterprinzessin. Mit ihren Händen kann sie Schnee und Eis erschaffen.

Doch sie lebt allein, fern von uns allen, denn ihre Magie ist stark und unberechenbar. Bleibt fern von ihr, Kinder, denn niemand weiß, was geschieht, wenn sie ihre Kräfte entfesselt."

Ein Raunen ging durch die Runde.

Asja, das kleine Wichtelmädchen mit den goldenen Augen, beugte sich zu ihrem Freund Fenor. „Wie traurig ... sie ist ganz allein", flüsterte sie.

Fenor nickte und ballte die kleinen Fäuste. „Niemand sollte allein sein – auch nicht eine Prinzessin."

Die Funken des Feuers stiegen in die dunkle Nacht und tanzten im Wind davon.

In diesem Augenblick wussten die beiden: Sie mussten die Winterprinzessin finden und herausfinden, ob sie wirklich so gefährlich war.

Am nächsten Morgen stapften die Beiden hinaus in den Schnee. Ihre roten Wangen glühten, während ihre Stiefel tiefe Spuren im weißen Schnee hinterließen. Über ihnen glitzerten die Zweige der Tannen wie Kristalle und die Luft war so klar wie Eis.

„Es fühlt sich an, als würde uns der Wald etwas zuflüstern", flüsterte Asja.

„Vielleicht bringt er uns zu ihr", meinte Fenor, der auf seltsame Spuren deutete – funkelnde Abdrücke, die wie Sterne im Schnee glänzten.
Neugierig folgten sie den glitzernden Zeichen, tiefer und tiefer in den stillen Wald hinein.
Plötzlich begann Schnee zu fallen – leise, federleicht, als hätte jemand am Himmel eine verborgene Tür geöffnet. „Schau!", flüsterte Asja erstaunt. „Es schneit – obwohl keine Wolke zu sehen ist!"
Tatsächlich war der Himmel klar, doch die Flocken wirbelten sanft herab, funkelten wie kleine Sterne und tanzten über den Boden. „So etwas habe ich noch nie gesehen", murmelte Fenor und streckte die Hand aus. „Sieh nur, wie sie glitzern!"
Die Welt um sie herum schien plötzlich still – als hätte jemand einen Zauber ausgesprochen. Da trat mitten aus den fallenden Schneeflocken eine Gestalt hervor.
„Wer ist das?", hauchte Asja.
„Ich glaube ... das ist sie", antwortete Fenor leise.
Es war Iana, die Winterprinzessin. Ihr Haar war weiß wie Pulverschnee, und feine Strähnen glitzerten wie Eiskristalle im Mondlicht. Ihre Augen leuchteten blau wie die Flügel eines blauen Schmetterlings.

Um ihre Hände schwebten funkelnde Kristalle, die im Takt ihres Atems schimmerten.
„Sie ist wunderschön“, flüsterte Asja ehrfürchtig.
„Ja ... aber sie sieht traurig aus“, sagte Fenor leise.
Da erklang eine sanfte, kühle Stimme, wie der Atem des Nordwinds: „Warum kommt ihr hierher?“, fragte die Winterprinzessin. Asja zuckte kurz zusammen, dann hob sie mutig den Kopf.
„Wir wollten dich sehen“, sagte sie tapfer. „Man erzählt so viele Geschichten über dich ... und wir wollten wissen, ob sie wahr sind.“
Da senkte Iana den Blick. Ihre Schultern bebten und der Schnee zu ihren Füßen verwandelte sich augenblicklich in gläsernes Eis. „Die meisten haben Angst“, flüsterte sie. "Alles, was ich berühre, wird zu Eis. Deshalb bin ich allein.“ Doch plötzlich erklang ein tiefes Grollen in der Ferne.
„Hast du das gehört?“, flüsterte Fenor erschrocken.
Zwischen den verschneiten Stämmen bewegten sich Schatten – ein Rudel hungriger Wölfe schlich näher! Ihre Augen funkelten gelb im Halbdunkel, und ihre Pfoten knirschten im Schnee. Asja klammerte sich an Fenors Arm. „Was machen wir jetzt?“ flüsterte sie ängstlich. „Ich ... ich weiß es nicht“, stammelte Fenor.
Da trat Iana vor.

Ihre Augen blitzten entschlossen, und sie hob langsam die Hände. Kalte Luft wirbelte auf, glitzernde Kristalle stiegen aus dem Schnee empor, und mit einem Mal wuchs vor ihnen eine mächtige Wand aus schimmerndem Eis. Sie funkelte im Mondlicht wie tausend Edelsteine. Iana hatte eine Schutzwand aus Eis gezaubert.
Die Wölfe blieben stehen, knurrten, aber wagten es nicht, näher zu kommen. Schließlich wendeten sie sich ab und verschwanden lautlos im Dunkel des Waldes.
„Ihr seht", sagte Iana leise, während das Eis glitzernd verharrte, „meine Magie kann nicht nur trennen. Sie kann auch beschützen."
Fenor nickte begeistert. „Genau das meinen wir!"
Asja strahlte. „Du kannst unser Dorf sicher machen. Du musst nicht länger einsam bleiben."
Vorsichtig führten die Kinder die Prinzessin durch den Wald zurück ins Dorf. Der Schnee glitzerte über ihren Köpfen und Iana schritt langsam, als könne sie selbst nicht glauben, dass sie nun in Begleitung war.
Als die Wichtel sie sahen, verstummte das Dorf. „Die Winterprinzessin … hier?" flüsterten einige. Manche traten ängstlich zurück, andere sahen neugierig zu.

Fenor hob die Stimme: „Habt keine Angst! Sie hat uns gerettet!“

Da trat Iana vor und streckte ihre Hände aus. Eine zarte Eisblume entstand, schimmernd in allen Farben und sie legte sie sanft an den Brunnen des Dorfes.

Das Wasser darin glitzerte klar und eine frische Kühle breitete sich aus, die es rein und lebendig hielt.

Die Alten nickten ehrfürchtig. „Vielleicht ist sie nicht unser Feind ... vielleicht ist sie unsere Hüterin.“

Iana senkte bescheiden den Blick. „Ich möchte nicht herrschen. Ich möchte nur helfen.“

Die Wichtel rückten näher. Einer der Alten sprach: „Dann bleib bei uns, Iana. Sei die Beschützerin unseres Dorfes. Niemand soll dich mehr fürchten.“

Von diesem Tag an stand die Winterprinzessin an der Seite der Wichtel. Wenn Gefahr nahte, ließ sie Eiswände wachsen, die funkelnd und stark das Dorf beschützten.

In den langen Winternächten zauberte sie glitzernde Lichter an den Himmel, die wie ein Sternenzelt über den Dächern tanzten – besonders zur Weihnachtszeit, wenn das ganze Wichteldorf im warmen Kerzenschein erstrahlte.

Asja und Fenor aber blieben ihre treuen Freunde. Oft saßen sie mit ihr am Feuer, erzählten Geschichten und sangen Lieder, während draußen leise der Schnee fiel und der Duft von Tannenzweigen und Zimt durch das Dorf zog.

Iana war nicht länger einsam. Denn sie hatte erkannt: Magie allein macht das Herz nicht kalt – Einsamkeit tut es. Doch Freundschaft und Güte machen es warm.

Und so erzählten die Wichtel noch viele Winter und Weihnachtsfeste später die Geschichte von Iana, der Winterprinzessin, die mit ihrer Magie das Dorf beschützte – und von Asja und Fenor, die ihr gezeigt hatten, dass Freundschaft stärker ist als jede Angst und das schönste Geschenk, das man zu Weihnachten bekommen kann.

Mein Fantasiebild:

5

Magischer Schneemann

Im kleinen Wichteldorf zeigte sich der Winter von seiner allerschönsten Seite. Der Garten war tief verschneit, und der Schnee glitzerte im Licht der Laternen wie lauter kleine Sterne. Aus den Häusern duftete es nach süßem Gebäck und warmem Apfelsaft, denn überall wurde schon für Weihnachten vorbereitet.

Die Kälte malte rote Wangen in die Gesichter und ließ die Augen von Malrik und Sira noch heller strahlen. An diesem Abend hatten die beiden Geschwister einen Plan: Sie wollten den größten Schneemann bauen, den das Dorf je gesehen hatte. Mit viel Lachen und Kichern rollten sie Kugeln über den Hof, stapelten sie übereinander und purzelten laut lachend in den Schnee. Schließlich nahm Sira ihre liebste rote Wichtelmütze vom eigenen Kopf und setzte sie dem Schneemann auf. „So, jetzt siehst du aus wie einer von uns“, sagte sie voller Stolz. Für einen Augenblick war es, als ob der Schneemann ihnen geheimnisvoll zulächelte. Später, als Mama und Papa die Kinder ins Bett gebracht hatten, blieb Sira noch einen Moment am Fenster stehen. Der Garten lag still, und der Schneemann stand da, groß und feierlich im Schein der Sterne. Ganz leise flüsterte sie: „Ach, wenn du doch nur mit uns spielen könntest …“

Die Nacht legte sich leise über das Dorf. Malrik und Sira schliefen, während draußen der Schneemann reglos stand, mit der roten Mütze schief auf dem Kopf. Doch tief in ihm schimmerte etwas auf – ein kleines, warmes Funkeln, entstanden aus Kinderwünschen und lachender Freude.

Am nächsten Morgen rissen die Geschwister die Vorhänge auf. Doch der Platz im Garten war leer.

„Malrik!“, rief Sira erschrocken. „Ole, unser Schneemann, ist weg!“

Die beiden liefen hinaus in den glitzernden Schnee. Dort, am Rand des Gartens, bewegte sich etwas Großes, Weißes. Mit tapsigen Schritten kam der Schneemann ihnen entgegen, die Arme weit ausgestreckt, als wüsste er noch nicht so recht, wie man sie bewegt.

„Ole!“, rief Malrik und winkte. Der Schneemann blieb stehen, blinzelte etwas verwirrt – und lächelte dann so herzlich, dass den Kindern ganz warm wurde. „Seid ihr das? Zum Glück finde ich euch ... ich wusste nicht, wohin ich gehen sollte.“

Sira klatschte vor Freude in die Hände. „Du kannst sprechen!“

Ole nickte langsam. „Es fühlt sich alles so neu an. Gestern war ich nur still ... und jetzt ... jetzt bin ich hier.“

Die Kinder hielten seine kalten, verschneiten Hände.
„Wir haben dich gebaut, weil wir Freude hatten", erklärte Sira ernst. „Und weil wir uns gewünscht haben, dass du unser Freund bist."
Ole lachte ein brummiges, tiefes Lachen, das klang wie ein Bär, der zufrieden brummt.
„Dann bin ich also euer Freund Ole. So gefällt mir das."

Von da an spielten sie miteinander, als hätten sie sich schon ewig gekannt. Ole versuchte, Schneebälle zu werfen, doch er traf nie, weil seine Arme zu schwerfällig waren. Malrik kugelte sich lachend in den Schnee, wenn Ole tollpatschig stolperte. Sira half ihm jedes Mal wieder hoch, und Ole grinste so breit, dass seine Karottennase lustig wackelte.
Sie bauten eine Schneefestung, und Ole stapelte mühelos die größten Schneeblöcke. Dann zog er die Kinder auf ihrem Schlitten durch den Garten, so schnell, dass ihre Schreie vor Vergnügen wie Glöckchen durch die Luft klangen.
„Noch eine Runde!", rief Sira lachend, und Ole nickte begeistert. „So viel Spaß hatte ich noch nie!"

Gerade, als sie sich erschöpft lachend in den Schnee fallen ließen, öffnete sich die Haustür. Mama und Papa traten hinaus – und blieben verblüfft stehen.

„Ihr ... spielt mit dem Schneemann?“, fragte Papa ungläubig.

„Er heißt Ole!“, rief Sira glücklich. „Und er ist lebendig!“

Mama legte die Hand ans Herz. „So etwas habe ich noch nie gesehen.“

Ole beugte sich ein wenig unsicher zu den Eltern hinab. „Ich hoffe, ihr habt nichts dagegen ... Ich weiß selbst nicht, wie das geschehen konnte.“

Dann wurde seine Stimme leiser. „Nur ... ich habe Angst. Was geschieht, wenn der Frühling kommt? Ich spüre schon jetzt, wie mir hier und da ein Stückchen schmilzt.“

Malrik und Sira wurden still. Sie wollten ihren neuen Freund nicht verlieren. „Wir müssen dich beschützen“, sagte Malrik entschlossen.

Papa nickte. „Vielleicht gibt es einen Platz, an dem du sicher bist.“

„Ja“, ergänzte Mama. „Im Wald, unter den großen Tannen, ist es schattig und kalt. Dort kannst du bleiben.“

Die Kinder strahlten. „Dann machen wir es so!“

Von diesem Tag an war Ole ein Teil ihrer Familie. Jeden Morgen stapfte er etwas unbeholfen durch den Garten, schüttelte den Schnee von seiner Mütze und rief mit seiner tiefen Stimme: „Wo seid ihr, meine Freunde?“

Malrik und Sira spielten Schneeball, bauten mit Ole Burgen und Schanzen und lachten so viel, dass selbst die Nachbarn stehenblieben, um zuzusehen. Als Weihnachten kam, schmückten sie zusammen einen kleinen Tannenbaum im Garten. Ole hing die größten Zapfen ganz nach oben und als die Kerzen leuchteten, funkelten seine Kohlestückaugen vor Freude.

„So schön habe ich Weihnachten noch nie erlebt“, brummte er und die Kinder drückten ihn fest.

Wochen vergingen. Doch eines Tages bemerkten sie, dass die Sonne länger blieb, der Schnee an den Dächern zu tropfen begann und die Luft sich veränderte. Ole wurde stiller. „Meine Zeit hier geht zu Ende“, sagte er leise. „Wenn der Frühling kommt, werde ich schmelzen ...”

Malrik schüttelte heftig den Kopf. „Du darfst nicht verschwinden!“

Sira hielt seine Hand fest. „Aber wir wissen doch, wo du bleiben kannst“, sagte sie leise. „Im Wald – unter den großen Tannen. Dort ist es kühl und schattig.“

Mama nickte. „Ja, genau dort. Der Platz wartet schon auf dich, Ole."
Ole sah sie nacheinander an und lächelte ein wenig schief, seine Karottennase wackelte dabei. „Wenn ihr mich dort besucht ... dann gehe ich dorthin."
So machten sie sich eines Abends gemeinsam auf den Weg. Ole stapfte neben ihnen her, mit schweren, tapsigen Schritten, bei denen seine Mütze bei jedem Schritt lustig wackelte. Malrik und Sira hielten seine Hände und Mama und Papa folgten dicht hinterher.
Bald erreichten sie eine kleine Lichtung, umgeben von hohen, schützenden Tannen. Dort war die Luft kühler, der Schnee lag tiefer und alles wirkte wie ein geheimer Platz, den nur sie finden konnten. Gemeinsam bauten die Dorfbewohner eine Hütte aus Eis und Schnee, verstärkten sie mit Tannenzweigen und schmückten sie mit kleinen Laternen, deren Licht golden in der Dunkelheit schimmerte.
Da trat die alte Wichtelfrau Svara hervor. In ihren Händen hielt sie eine winzige Laterne, deren Licht niemals erlischt. Ihre Stimme war leise und freundlich, als sie sprach: „Nimm diese, Ole. Sie erinnert dich daran, dass Freundschaft und Liebe dich lebendig gemacht haben."

Ole nahm die Laterne vorsichtig entgegen. Seine Augen aus Kohle glänzten warm, fast wie kleine Sterne.

„Danke ... ich habe vielleicht keinen Herzschlag wie ihr, aber mein Herz fühlt sich lebendig an."

Sira und Malrik stellten sich an seine Seite und drückten ihn so fest, wie man nur einen Schneemann umarmen kann.

„Du kommst doch nächsten Winter wieder, oder?", fragte Sira hoffnungsvoll.

„Ganz bestimmt!", rief Malrik fröhlich.

Ole lachte sein tiefes, brummiges Lachen, bei dem sein ganzer Körper bebte, und nickte. „Ihr werdet mich nicht vergessen – und ich euch auch nicht."

Und so blieb Ole in seiner Hütte im Wald, mit der kleinen Laterne an seiner Seite. Dort besuchten ihn die Tiere des Waldes – ein neugieriger Fuchs, ein paar Hasen und sogar ein Reh, das manchmal durchs Fenster lugte. So war Ole nie wirklich allein.

Jeden Winter, wenn der erste Schnee fiel, kam er zurück ins Wichteldorf, um mit Sira, Malrik und all seinen Freunden zu spielen. Seit jenem Winter erzählten die Wichtel zur Weihnachtszeit die Geschichte von Ole, dem Schneemann mit dem warmen Herz – als Zeichen dafür, dass Freundschaft und Liebe das größte Geschenk sind und selbst das Kälteste zum Leuchten bringen können.

Mein Fantasiebild:

6

Finnars Wichtelmütze

Im verschneiten Wichteldorf glitzerten die Dächer wie mit Zucker bestreut. Zwischen den kleinen Häuschen dampfte der Atem der Schornsteine in die klare Winterluft, und von fern hörte man das Lachen der Kinder, die im Schnee spielten. Überall duftete es nach Tannenzweigen, Zimt und frisch gebackenen Plätzchen, denn Weihnachten stand kurz bevor.

Mitten unter ihnen lebte Finnar, ein Wichteljunge mit langen, spitzen Ohren – viel länger als bei allen anderen Wichtelkindern. Manchmal kicherte jemand darüber, und Finnar zog dann schnell seine Mütze tiefer ins Gesicht.

„Wenn ich sie verstecke, sieht mich vielleicht keiner komisch an", dachte er oft.

In der Wichtelschule saß er meistens still in der Ecke. Seine Freunde mochten ihn eigentlich sehr, aber Finnar fühlte sich trotzdem anders. „Warum kann ich nicht so sein wie alle anderen?", seufzte er.

Eines Morgens kündigte die Lehrerin einen Ausflug an. „Morgen gehen wir in den Winterwald", sagte sie mit einem Lächeln. „Wir werden dort spielen, den Bach besuchen und vielleicht sogar Tierspuren entdecken. Und wer weiß – vielleicht finden wir ja etwas, das wir für das große Weihnachtsfest schmücken können!"

Die Kinder jubelten begeistert.

Nur Finnar spürte ein kleines Stechen im Bauch. „Bestimmt lachen sie wieder, wenn meine Ohren unter der Mütze hervorblitzen“, dachte er traurig.
Er schaute in den Spiegel und zupfte an seiner Mütze. Sie war ihm fast zu groß, aber nur so konnte er seine Ohren gut verbergen. „Vielleicht merkt dann niemand, wie komisch ich aussehe“, flüsterte er leise.
Mit einem Seufzen kroch er ins Bett, zog die Decke bis zur Nase und wünschte sich heimlich, er könnte einfach so sein wie alle Anderen.
Der Winterwald begrüßte sie mit funkelnden Schneekristallen, die in der Sonne wie Diamanten glänzten. Überall hingen Eiszapfen von den Zweigen und der Bach, den sie erreichen wollten, war mit einer glatten Schicht aus Eis bedeckt.
Die Kinder warfen Schneebälle, lachten und riefen durcheinander. Borro, der Wichtelhund des Dorfes, tollte begeistert mit, sprang in den Schnee und schnupperte in jedes Gebüsch.
Finnar hielt sich ein Stück zurück. Er hörte die fröhlichen Rufe seiner Mitschüler, doch in ihm war wieder dieses Gefühl, „anders“ zu sein. Er zog die Mütze noch tiefer und stapfte schweigend hinterher.
Da plötzlich spitzte Borro die Ohren, bellte laut und rannte davon – direkt hinein in das Dickicht des Waldes.
Die Kinder schrien erschrocken durcheinander. „Borro! Komm zurück!“ Doch der Hund war schon verschwunden und nur die Stille des Waldes blieb zurück.

„Wir müssen Borro finden!“, rief die Lehrerin, doch niemand wusste, in welche Richtung er gelaufen war.
„Ich halte Ausschau, vielleicht sehe ich ihn!“, rief Mira und schob ihre Brille zurecht. Doch kaum atmete sie in die kalte Luft, beschlugen die Gläser und alles wurde verschwommen.
„Ich klettere auf den Baum, dann sehe ich bestimmt etwas!“, sagte Kjell mutig. Doch schon beim ersten Ast rutschte er ab und plumpste in den Schnee.
„Dann lauf ich eben vorneweg!“, meinte Taro selbstbewusst und stapfte los – nur um gleich darauf über eine Wurzel zu stolpern und der Länge nach hinzufallen.
„Vielleicht höre ich etwas!“, murmelte Selvi verträumt und blickte in die glitzernden Zweige. Doch dann schwieg sie und vergaß, was sie eigentlich gesucht hatte.
Finnar sah sie an. Zum ersten Mal dachte er: „Jeder von uns hat seine Eigenheiten. Vielleicht bin ich gar nicht der Einzige, der anders ist …“

Doch Borro blieb verschwunden. Seine Spuren führten in den tiefen Wald hinein und die Kinder riefen immer wieder nach ihm. Ihre Stimmen verhallten zwischen den Bäumen.
„Wir hören ihn ja gar nicht mehr!“, jammerte Taro.
Finnar aber blieb stehen. Er zog vorsichtig seine Mütze etwas nach oben, sodass die Spitzen seiner Ohren frei wurden.

Dann lauschte er – ganz still. Kein Rascheln, kein Knacken ... und dann, ganz leise, ein Bellen in der Ferne.

Sein Herz klopfte. „Ich weiß, wo er ist“, sagte er.

Die anderen blickten ihn überrascht an. „Wie kannst du das hören? Wir hören gar nichts!“

Finnar zögerte. Dann fasste er sich ein Herz. „Es sind meine Ohren“, sagte er leise. „Sie sind ... länger. Ich kann Dinge hören, die ihr nicht hören könnt.“

Einen Moment war es ganz still. Dann nickte Mira entschlossen. „Dann bist du unsere beste Chance, Borro zu finden!“

Finnar sah in ihre Gesichter – und spürte, dass sie ihn nicht auslachten. Zum ersten Mal fühlte er sich nicht seltsam, sondern gebraucht.

Finnar ging langsam voraus, die Ohren aufmerksam gespitzt. Die anderen Kinder folgten dicht hinter ihm. Immer wieder blieb er stehen, lauschte und jedes Mal hörte er Borros Bellen ein Stück näher.

Schließlich fanden sie ihn: Borro war in eine Mulde aus Schnee gerutscht und kam allein nicht mehr heraus. Er winselte leise, als er die Kinder sah und sein Schwanz zitterte vor Aufregung.

„Da ist er!“, rief Kjell erleichtert. Sofort halfen alle zusammen: Taro zog kräftig an der Leine, Kjell stützte ihn von der Seite, und Selvi legte Zweige in den Schnee, damit Borro Halt fand.

Mit vereinten Kräften schafften sie es, den Hund herauszuziehen.
Borro schüttelte sich, sodass die Schneeflocken in alle Richtungen flogen, bellte fröhlich und sprang den Kindern dankbar entgegen.
Auf dem Heimweg drängten sich die Kinder um Finnar. „Ohne deine Ohren hätten wir Borro nie gefunden!“, sagte Kjell begeistert. „Ja“, fügte Taro hinzu, „jeder von uns hat doch etwas, das manchmal schwierig ist. Aber genau das macht uns besonders.“

Mira nickte ernst. „Und deine Ohren haben uns heute gerettet.“ Finnar wurde ganz warm ums Herz. Vorsichtig nahm er die Mütze ab, und seine langen Ohren kamen zum Vorschein. Niemand lachte – im Gegenteil, die anderen lächelten ihn freundlich an.
Zum ersten Mal spürte Finnar, dass er sich nicht verstecken musste. „Vielleicht“, dachte er, „muss man gar nicht so sein wie alle anderen. Wahre Freunde mögen einen genau so, wie man ist.“
Borro sprang fröhlich neben ihnen her, während der Schnee leise unter ihren Stiefeln knirschte. Über dem Wichteldorf leuchteten die ersten Sterne, und in den Fenstern glimmten die Kerzen für das Weihnachtsfest. Finnar sah hinauf zum Himmel und lächelte. Jetzt verstand er: Weihnachten bedeutet, dass niemand perfekt sein muss – denn gerade unsere Eigenheiten machen uns besonders.
Niemand muss perfekt sein – denn jeder ist wichtig und besonders, genauso wie er ist.“

Mein Fantasiebild:

7

Magie der Weihnachtsklänge

Die Flammen im Kamin flackerten unruhig, und ein kühler Wind zog durch die festlich geschmückten Gassen des Wichteldorfes. Kein Lachen hallte an diesem Abend über den Platz, und selbst die Schneeflocken schienen langsamer zu tanzen.

Mitten in dieser Stille saß die alte Wichtelfrau Svara vor ihrer Hütte. Auf ihrem Schoß stand eine Schale, in der nur ein paar letzte Tropfen der Winterquelle glitzerten. Sie blickte hinein, als könne sie darin eine verlorene Geschichte erkennen.

Neugierig schlichen sich Ylvi und Neria heran. Die beiden Freundinnen waren sonst voller Lachen und Pläne, doch heute spürten sie sofort, dass etwas nicht stimmte.

„Svara?", fragte Ylvi leise. „Warum siehst du so traurig aus?"

Die alte Wichtelfrau seufzte. „Die Winterquelle, die unser Dorf seit Generationen nährt, ist schwächer geworden.

Sie schenkt uns klares Wasser und ihren sanften Glanz in den dunkelsten Nächten. Doch ohne ihr Lied verliert sie an Kraft."

„Ihr Lied?", flüsterte Ylvi neugierig.

Svara nickte. „Tief im Dunkelwald liegt das Lied verborgen, von stillen Schatten umhüllt. Nur wer mutig ist und ein reines Herz hat, kann es zurückholen. Der Weg ist dunkel – aber er zeigt sich denen, die zusammenhalten. Besonders in der Zeit des Lichts."

Ylvi bekam ein mulmiges Gefühl. Der Dunkelwald machte ihr Angst.

Doch Neria richtete sich auf. „Dann holen wir das Lied zurück! Wir können doch nicht einfach warten, bis die Quelle ganz still wird – jetzt, wo bald Weihnachten ist!"

„Ihr wollt wirklich gehen?", fragte Svara überrascht. „Es wird eine besondere Reise, die euch ein bisschen prüfen wird."

„Wir schaffen das – zusammen!", sagte Neria mutig und legte Ylvi die Hand auf die Schulter.

Ylvi zögerte. „Ich weiß nicht ... Ich hab ein bisschen Angst."

„Mut heißt nicht, keine Angst zu haben", flüsterte Neria. „Mut heißt, trotzdem loszugehen."

Svara sah die beiden liebevoll an und lächelte leise. „Dann geht mit meinem Segen, meine Kinder. Und denkt daran: Das Lied erwacht nur, wenn Freundschaft und Vertrauen gemeinsam erklingen."

Am nächsten Abend zogen Ylvi und Neria los. Der Schnee funkelte wie tausend winzige Sterne unter ihren Füßen und der Atem der Mädchen stieg als kleine Wölkchen in die kalte Nacht. Über ihnen raschelten die verschneiten Zweige, als würden die Bäume geheimnisvoll miteinander flüstern.

„Hörst du das?", flüsterte Ylvi und blieb stehen. „Es klingt, als würde der Wald atmen."

Neria lächelte. „Ja, er passt auf uns auf. Und sieh nur – der Mond zeigt uns den Weg."

Sein silbernes Licht lag wie ein zarter Teppich auf dem Boden und mutiger setzten die beiden ihren Weg fort. Bald erreichten sie einen kleinen Bach, der vom Eis überzogen war. Unter der glatten Oberfläche schimmerte es geheimnisvoll, und von irgendwoher wehte ein leises Summen herüber – wie eine unsichtbare Melodie, die sie lockte.

„Das Summen wird immer lauter", sagte Neria.
Das Eis funkelte im Mondlicht wie Glas, und darunter schimmerten geheimnisvolle Muster, als hätte jemand Sterne ins Wasser gemalt.
Ylvi hielt Nerias Hand fest. „Es klingt fast wie eine Stimme, die uns ruft."
„Vielleicht ist es schon ein Teil des Liedes", überlegte Neria. „Komm, wir folgen ihm."
Mit jedem Schritt wurde das Summen klarer, doch der Wald ringsum wirkte dichter. Ylvi spürte, wie ihre Angst zurückkehrte, doch Nerias warme Hand gab ihr Mut.

Bald standen sie vor einer Lichtung, auf der das Mondlicht einen silbernen Kreis auf den Schnee malte. In der Mitte sprudelte die Winterquelle – doch ihr Wasser war trüb und müde, als wollte es gleich versiegen.
„Da ist sie ...", hauchte Ylvi ehrfürchtig.
Neria nickte. „Aber sie braucht ihr Lied, sonst schläft sie für immer."
Sie sah Ylvi an und lächelte ermutigend. „Lass es uns versuchen. Wir singen – mit all unserem Mut und unserer Freundschaft."

Ylvi zögerte. „Meine Stimme ist doch so leise..."
„Genau deshalb ist sie wichtig", sagte Neria sanft. „Manchmal ist das Leiseste das, was alles verändert."
Die beiden stellten sich Hand in Hand an den Rand der Quelle. Zuerst begann Neria mit einer klaren, mutigen Melodie – hell wie das Glitzern des Schnees.

Ylvi hörte zu, ihr Herz klopfte, doch diesmal fühlte sie sich stark. Ihre Stimme war sanft, aber fest, wie ein warmer Hauch im Winterwind.
Und so sangen sie zusammen, ein Lied aus Freundschaft, Liebe und Mut:

„Licht im Dunkel, Herz so weit,
Freundschaft trägt uns durch die Zeit!
Mut und Liebe, Hand in Hand,
leuchten hell im Winterland."

Da geschah es: Nerias kräftiger Ton und Ylvis warme Stimme vereinten sich. Gemeinsam klangen sie wie ein einziges Lied – so hell, dass es selbst die Schatten fortscheuchte.

Langsam begann das Wasser der Quelle heller zu werden. Erst ein kleines Leuchten, dann ein Strahlen, bis sie in goldenem Glanz erblühte. Ein klarer Klang erfüllte die Luft – das Lied der Winterquelle war zurückgekehrt!

Ylvi und Neria lachten vor Freude, während das Licht der Quelle ihre Gesichter wärmte.

„Siehst du?", rief Neria. „Deine Stimme hat den Zauber geweckt!"

Ylvi strahlte. „Nur, weil du an mich geglaubt hast!"

Hand in Hand kehrten sie zurück ins Dorf, wo Svara bereits wartete. Als sie die Quelle wieder hell sprudeln sah, glänzten Tränen in ihren Augen.

„Ihr habt es geschafft", sagte sie sanft. „Ihr habt das Lied zurückgebracht – und mit ihm die Hoffnung für uns alle."   Im Dorf wurde ein Fest gefeiert. Die Wichtel entzündeten Lichter, hängten Sterne an die Fenster und tanzten, während die Winterquelle ihr helles Lied sang.

Der ganze Platz war erfüllt von Wärme, Lachen und dem leisen Zauber der Weihnacht.
Ylvi aber spürte tief in sich etwas Neues: eine Wärme, die blieb.
„Weißt du was?", flüsterte sie Neria zu. „Ich werde nie wieder denken, dass ich zu schwach bin. Denn mit dir an meiner Seite finde ich immer meinen Mut."
Neria drückte ihre Hand. „Und ich mit dir."
Und während draußen leise der Schnee fiel, sang die Winterquelle ihr Lied weiter – ein Lied, das von Mut, Freundschaft und Vertrauen erzählte.
Und vielleicht war genau das ihr größter Zauber: so wie Weihnachten selbst – leise, hell und voller Hoffnung.

Mein Fantasiebild:

8

Der Eiskönig

„DIESER Umhang ist doch viel zu gewöhnlich für jemanden wie MICH!“, rief der Eiskönig mit einem überheblichen Lächeln mitten auf dem festlich geschmückten Marktplatz.

Der Marktplatz des kleinen Wichteldorfes lag im funkelnden Glanz des Weihnachtsmarktes: Überall hatten die Wichtel ihre Stände aufgebaut, an denen sie duftende Leckereien, handgearbeitete Kleidung und kleine Schätze aus Holz, Wolle und Kristall verkauften.

Überall roch es nach Lebkuchen und Tannenzweigen, und die Lichterketten warfen ein warmes, goldenes Leuchten auf den frisch gefallenen Schnee.

Doch der Eiskönig schien davon unbeeindruckt. Die Umhänge und Stiefel, die der Schneider und die Weberin liebevoll anboten, gefielen ihm ganz und gar nicht. Mit einer kaum merklichen Geste schüttelte er den Kopf, als wäre nichts in diesem Dorf gut genug für ihn. Neben ihm stand sein prachtvolles Pferd aus klarem, glitzerndem Eis – so durchsichtig und rein, dass es aussah, als sei es einem Traum entsprungen. Es funkelte in der Wintersonne wie ein lebendiges Stück Kristall.

Zwischen den Ständen standen die beiden Wichtelkinder Elva und Lior und sahen ihm staunend zu.

„Warum ist er so gemein?", flüsterte Elva leise.

Während der Eiskönig weiter über den Umhang spottete, warf er der älteren Wichtelfrau einen kühlen Blick zu.

„Auch diese Stiefel sind ja wohl kaum eines Königs würdig", sagte er herablassend und stieß sie mit dem Fuß beiseite, sodass die Stiefel in den Schnee fielen.

Da trat ein älterer Wichtel vor und rief:

„Jetzt reicht es aber! So benimmt man sich nicht in unserem Dorf. Geh einfach!"

Der Eiskönig zuckte nur die Schultern.

„Ich wollte sowieso gerade gehen", sagte er kalt und lächelte überheblich, bevor er auf sein schimmerndes, eisklares Pferd stieg. Es war, als bestünde es aus reinem, funkelndem Eis, das im Licht glitzerte.

Als er davonritt, stieß er achtlos einen weihnachtlich geschmückten Stand um. Tannenzweige und kleine Lichter fielen zu Boden, und die Dorfbewohner schüttelten den Kopf.

„Jedes Jahr zur Weihnachtszeit kommt er und stiftet nur Unruhe", flüsterten einige, während Elva und Lior sich fragten, wer dieser Eiskönig eigentlich wirklich war. Elva und Lior liefen sofort los, um zu helfen. Vorsichtig bückten sie sich und sammelten die Tannenzweige und kleinen Lichter auf, die der Eiskönig umgestoßen hatte. Einige Kerzen waren aus dem Halter gefallen, und ein paar Äpfel und Lebkuchen lagen im Schnee.

„Hier, ich hab die Sterne gefunden!“, rief Lior und hielt ein paar glitzernde Anhänger hoch.
„Oh nein, alles ist kaputt“, sagte Elva traurig und wischte vorsichtig den Schnee von den Figuren.
Der alte Wichtel, dem der Stand gehört hatte, lächelte müde und nahm ihnen die Sachen ab.
„Danke, ihr Lieben. Ihr seid sehr freundlich. Nicht jeder hilft so schnell.“
Elva sah zu ihm auf. „Wer war das? Warum macht er sowas?“
Der Wichtel seufzte tief. „Man nennt ihn den Eiskönig“, sagte er leise. „Eiskönig, weil er ein Herz hat, das so kalt ist, wie der Winter selbst. Er denkt nur an sich und hat vergessen, was Freundlichkeit bedeutet.“
Die Kinder schauten sich an.
„Oh“, machte Lior leise. „Das ist traurig.“
Elva nickte nachdenklich. „Ein Herz aus Eis ... das klingt furchtbar.“ Elva sah den alten Wichtel mit großen Augen an. „Warum hat er denn ein Herz aus Eis?“, fragte sie leise.
Der Wichtel strich sich über den Bart und schüttelte den Kopf. „So genau weiß das niemand“, sagte er nachdenklich. „Aber man erzählt sich, dass er früher ein Menschenjunge war. Ganz allein, ohne Eltern, ohne Familie, ohne Freunde. Er hatte niemanden, der sich um ihn kümmerte.“
Lior sah betroffen zu Boden. „Ganz allein?“
„Ja“, nickte der Wichtel. „Er ist im kalten Norden groß geworden, dort, wo der Schnee nie schmilzt und der Wind durch die Berge pfeift.

Vielleicht ist sein Herz dort so kalt geworden wie das Eis, das ihn umgibt. Und jedes Jahr zur Adventszeit kommt er hierher ins Dorf. Jedes Jahr sorgt er für Unruhe."
Der alte Wichtel schüttelte den Kopf und begann, seinen Stand wieder aufzuräumen. „So ist das nun einmal mit ihm", murmelte er leise, während er die Tannenzweige ordnete und die kleinen Lichter neu befestigte. Elva und Lior halfen noch einen Moment schweigend, dann traten sie zur Seite.
„Lior", flüsterte Elva, „vielleicht sollten wir ihn suchen." „Den Eiskönig?", fragte Lior erstaunt. „Aber warum?" „Weil ich wissen will, ob er wirklich so böse ist", sagte Elva entschlossen. Und ohne lange zu überlegen, machten sich die beiden auf den Weg. Der Schnee knirschte unter ihren kleinen Stiefeln, und ihre Atemwölkchen stiegen in die kalte Winterluft.
„Meinst du, wir finden ihn wirklich?", flüsterte Lior und zog seinen Schal fester.
„Bestimmt", sagte Elva. „Er kann ja nicht weit sein. Er ist bestimmt in den Wald geritten."
Sie folgten den Spuren, die das Pferd aus Eis im Schnee hinterlassen hatte – schmale, glänzende Hufabdrücke, die in das dichte Weiß zwischen den Bäumen führten. Der Wald war still, nur der Wind rauschte leise durch die Zweige. Überall glitzerten Eiskristalle, und es sah aus, als wären tausend Sterne auf die Erde gefallen.
Nach einer Weile hörten sie eine Stimme. Sie klang klar und stolz – und kam von einer kleinen Lichtung.

Vorsichtig schauten Elva und Lior hinter einen schneebedeckten Baum.
Dort stand der Eiskönig. Sein Mantel funkelte, und sein Pferd schnaubte leise, als wäre selbst sein Atem aus Frost. Der Eiskönig sah in einen großen, silbrigen Spiegel aus Eis, der mitten auf der Lichtung stand.
„Ich bin der Schönste, der Klügste und der Stärkste von allen", sagte er laut. „Niemand ist mir gleich!"
Elva zog die Luft ein. „Er redet mit seinem Spiegel!", flüsterte sie kichernd.
Lior hielt sich schnell die Hand vor den Mund. „Pssst! Er darf uns nicht sehen!"
Doch zu spät – der Eiskönig drehte sich abrupt um. Sein Blick war kühl und durchdringend.
„Was habt ihr hier zu suchen?", fragte er streng. „Wollt ihr mich etwa auslachen?"
Elva schüttelte schnell den Kopf. „Nein! Wir wollten nur ... äh ... wir wollten dich sehen."
„Mich sehen?", wiederholte er hochmütig. „Na, dann habt ihr Glück. Nur wenige dürfen den Eiskönig überhaupt erblicken."
Er drehte sich wieder zum Spiegel. „Sag mir, Spiegel, wer ist im ganzen Winterreich der Mächtigste?"
Doch noch bevor der Spiegel antworten konnte, erklang plötzlich ein tiefes Grollen. Der Boden bebte leicht, und aus dem verschneiten Hang löste sich eine kleine Lawine aus Eis und Schnee.
„Achtung!", rief Lior, als sich die Schneemasse direkt auf den Eiskönig zubewegte.
Der Eiskönig hob erschrocken die Hände, doch er war zu langsam.

Sein Pferd wieherte, der Spiegel zerbrach, und der Schnee begrub ihn bis zur Brust.
„Hilfe!", rief er ungewohnt ängstlich.
Elva und Lior liefen sofort los. Gemeinsam zogen sie an seinem Arm, schaufelten mit den Händen Schnee weg und riefen immer wieder: „Nicht bewegen! Wir holen dich raus!"
Nach ein paar Minuten gelang es ihnen tatsächlich. Der Eiskönig stand wieder, völlig mit Schnee bedeckt und keuchend. Seine Krone war schief, und ein paar Eiskristalle fielen von seinem Mantel.
Er sah die Kinder an – zuerst erstaunt, dann verlegen. „Ihr ... ihr habt mir geholfen?"
Elva nickte. „Na klar! Du wärst sonst ganz eingeschneit."
Lior grinste. „Du sahst lustig aus, so voller Schnee."
Der Eiskönig blinzelte. Zum ersten Mal huschte ein kleines, echtes Lächeln über sein Gesicht.
„Niemand hat mir je geholfen", sagte er leise. „Alle haben immer Angst vor mir."
„Wir nicht", sagte Elva schlicht. „Wir haben keine Angst."
Er sah sie lange an, dann senkte er den Blick. „Ich war so lange allein", murmelte er. „Ich wollte nie böse sein ... ich wollte nur, dass mich jemand sieht."
Elva trat näher und legte vorsichtig ihre kleine Hand auf seinen Ärmel. „Jetzt siehst du uns. Und wir sehen dich." Für einen Moment glitzerte der Schnee um sie herum heller als zuvor. Ein leiser Wind strich durch den Wald, und der Frost auf den Zweigen begann sacht zu schmelzen.

Der Eiskönig sah die Kinder an und lächelte – zum ersten Mal ohne Hochmut.
„Vielleicht ist mein Herz doch nicht ganz aus Eis“, sagte er leise.
Der Eiskönig sah auf seine Hände, als würde er sie zum ersten Mal richtig spüren. „Ich heiße Henrik“, sagte er leise. „So hieß ich, bevor man mich den Eiskönig nannte.“
Elva lächelte. „Henrik ist ein schöner Name.“
Da wehte plötzlich ein warmer Wind durch den Wald, und in der Ferne erklangen die Glocken des Wichteldorfes. Das Licht wurde weicher, und der Schnee glitzerte golden im Sonnenschein.
„Komm mit uns zurück, Henrik“, sagte Lior. „Dieses Jahr feierst du Weihnachten bei uns.“
Henrik nickte langsam. Zum ersten Mal fühlte er, wie sich etwas in seinem Herzen regte – warm und lebendig, wie der erste Sonnenstrahl nach einem langen Winter. Henrik sah die beiden Kinder nachdenklich an. „Meint ihr das wirklich so?“, fragte er leise. „Glaubt ihr, die anderen Wichtel wollen mich überhaupt im Dorf sehen – nach allem, was ich getan habe?“
Elva nickte fest. „Ja, das meinen wir so. Jeder kann nett sein, wenn er will.“
Lior lächelte. „Und jetzt hast du ja uns. Wir sind deine Freunde.“
Henrik blinzelte überrascht. Das Wort Freunde klang für ihn ungewohnt, fast fremd – und doch fühlte es sich schön an.

Zum ersten Mal musste er nicht lächeln, um Stärke zu zeigen, sondern weil er es wirklich wollte.

„Dann bin ich dieses Weihnachten nicht allein", sagte er leise. Das Pferd aus Eis wieherte vor Freude und schnaubte funkelnden Kristallstaub aus, während sich Henrik, Elva und Lior auf den Weg zurück ins Wichteldorf machten, wo die Wintersonne über dem glitzernden Schnee strahlte.

Als Henrik, Elva und Lior ins Wichteldorf zurückkehrten, blickten die Dorfbewohner erstaunt auf. Niemand hatte je gedacht, dass der Eiskönig noch einmal zurückkommen würde – und schon gar nicht mit einem Lächeln. Doch anstatt zu schimpfen, traten die Wichtel vorsichtig näher. Sie sahen, dass etwas in ihm anders war.

Der älteste Wichtel nickte schließlich und sagte: „Du darfst bleiben, Henrik. Nur versprich uns, dass du keine Unruhe mehr stiftest."

Henrik versprach es – und zum ersten Mal fühlte er sich wirklich willkommen.

Am Rand des Dorfes, dort, wo der Schnee nie ganz taute, stand ein kleines Eisschloss. Darin lebte die Winterprinzessin Iana, die über Frost und Nordlicht wachte. Als sie von Henrik hörte, suchte sie ihn auf, und bald wurden sie Freunde. Zusammen lebten sie in ihrem funkelnden Schloss aus Eis, gemeinsam mit dem treuen Eispferd, das fröhlich über die gefrorenen Felder lief.

Elva und Lior besuchten sie oft, und jedes Mal lachten sie, als wären sie schon immer Freunde gewesen.

So kehrte in diesem Jahr Frieden ins Wichteldorf zurück – und vielleicht ein bisschen mehr Wärme, als der Winter je gebracht hatte. Denn Weihnachten, das wussten nun alle, bedeutet nicht nur Lichter, Geschenke und Glanz – sondern Freundschaft, Güte und ein Herz, das anderen Wärme schenkt.

Mein Fantasiebild:

9

Sternenlicht im Wichteldorf

Im kleinen Wichteldorf lag eine tiefe, friedliche Winternacht. Draußen glitzerte der Schnee, als hätten die Sterne selbst tausend Kristalle auf die Dächer gestreut. In den Fenstern der Häuser brannten Kerzen, und überall duftete es nach Tee, Weihnachtsplätzchen und warmem Holzfeuer.

Im oberen Stockwerk eines kleinen Häuschens spielten die Geschwister Tjari und Alva noch leise in ihrem Zimmer. Sie bauten kleine Türme aus Holzklötzen, stellten Tannenzapfen wie Schätze daneben und kicherten, wenn einer der Türme umfiel.

Da öffnete sich die Tür. Ihre Mama steckte den Kopf hinein: „Meine lieben Sternchen, es ist Zeit, ins Bett zu gehen“, sagte sie sanft. „Die Nacht ist lang – und voller Träume, die auf euch warten.“

„Noch ein kleines bisschen“, sagte Alva.

Die Mama lachte leise, trat ein und strich beiden übers Haar. „Gut, aber nur ein kleines bisschen. Dann macht ihr das Licht aus, versprochen?“

„Versprochen“, nickte Tjari.

Tjari und Alva setzten sich ans Fenster und schauten hinaus in die Winternacht. Der Himmel spannte sich klar und tief über das Dorf und die Sterne funkelten heller als gewöhnlich – als würden sie ein Geheimnis flüstern.

„Schau, Tjari“, flüsterte Alva, „die Sterne sehen heute anders aus ... so, als ob sie uns beobachten.“

„Vielleicht wollen sie uns etwas zeigen“, murmelte Tjari und malte mit dem Finger Muster auf die beschlagene Fensterscheibe.

In diesem Moment zuckte ein Licht über den Himmel, so strahlend, dass es die ganze Stube erhellte. Eine Sternschnuppe raste vorbei, ließ eine goldene Spur zurück und schien hinter den dunklen Bäumen des Waldes zu verschwinden.

Die Kinder hielten den Atem an.

„Das war ein Zeichen“, flüsterte Alva mit leuchtenden Augen.

Tjari nickte langsam, sein Herz klopfte schneller. „Ich glaube ... die Sternschnuppe ist ganz in unserer Nähe gefallen.“

Und in dieser Nacht wussten beide: Etwas Wunderbares hatte begonnen.

Am nächsten Morgen sprach das ganze Dorf über die verschwundene Sternschnuppe. „Der Himmel sieht dunkler aus", murmelten die Wichtel. „Ein Licht fehlt – und das kurz vor Weihnachten."

Tjari und Alva hörten aufmerksam zu. Ihr Papa schüttelte den Kopf. „Man sagt, eine Sternschnuppe kehrt erst dann an den Himmel zurück, wenn sie auf der Erde genug Wärme und Licht gesammelt hat."

Alva blickte Tjari fest an. „Dann müssen wir sie finden."

„Aber der Wald …", begann Tjari und biss sich auf die Lippe.

„Wir gehen zusammen", erwiderte Alva entschlossen. „Und gemeinsam schaffen wir alles."

Sie packten eine kleine Laterne, warme Decken und ein Stück süßes Weihnachtsbrot ein – und als alle anderen Wichtel noch am Tisch saßen, schlichen sie leise los in den verschneiten Wald.

Der Winterwald empfing sie still. Zwischen den Bäumen glitzerten vereiste Tannenzweige, und der Schnee funkelte wie winzige Sterne. Nur der Atem der Geschwister und das ferne Rufen einer Eule war zu hören.

„Meinst du, wir finden die Sternschnuppe wirklich?“, fragte Tjari leise.
„Ja“, sagte Alva und hob das Kinn. „Sie will gefunden werden. Sonst hätte sie sich nicht so hell gezeigt.“
Plötzlich sah Tjari etwas Glitzern im Schnee. „Schau!“, rief er aufgeregt. Zwischen den Flocken lag ein winziger goldener Punkt, kleiner als eine Murmel, aber warm wie eine Kerzenflamme.
Alva kniete sich hin, nahm ihn vorsichtig in die Hand und spürte seine Wärme. „Das ist ein Teil von ihr ... ein Funken.“
Die beiden folgten der Spur. Immer wieder fanden sie kleine goldene Funken, die wie Sternenstaub im Schnee lagen. Manche waren schwach und flackerten, als könnten sie erlöschen.
„Sie haben Angst, so allein im kalten Wald“, flüsterte Alva.
Tjari legte seine Hände um einen Funken. „Dann müssen wir sie wärmen.“
Er schloss die Augen und dachte an das Lachen seiner Schwester, an die Wärme zu Hause, an die Stimme seiner Mama, wenn sie Gute Nacht sagte.

Und der kleine Funken begann heller zu leuchten.
Alva lächelte. „Siehst du? Unsere Liebe gibt ihnen Kraft."
So sammelten sie die Funken, bis ihre Laterne wie eine kleine Sonne glühte.

Schließlich erreichten sie eine kleine Lichtung. In ihrer Mitte lag die Sternschnuppe selbst. Doch sie war matt und kaum noch sichtbar, als wäre ihr Licht erloschen.
„Wir müssen sie wecken", sagte Alva und kniete sich hin.
„Aber wie?", fragte Tjari.
Alva legte die Hand auf sein Herz. „Mit dem, was wir haben. Mit unserem Lied."
Die beiden hielten einander fest und begannen leise zu singen. Ihre Stimmen mischten sich, warm und klar und die Worte klangen wie ein Versprechen:

„Leuchte, Funke, hell und rein,
kehre heim zum Sternenschein.
Freundschaft trägt dich, Liebe hält,
du bist Licht für unsere Welt."

Da begann die Sternschnuppe zu pulsieren. Erst schwach, dann heller und heller, bis die ganze Lichtung in goldenes Licht getaucht war. Die kleinen Funken aus der Laterne sprangen hinaus und tanzten wie Glühwürmchen umher.

Tjari riss die Augen auf. „Es funktioniert!"

Alva lachte und spürte, wie ihr Herz weit wurde. „Sie hört uns!"

Mit einem hellen Klang stieg die Sternschnuppe empor. Glitzernde Funken folgten ihr, und gemeinsam stiegen sie in den Himmel zurück. Die Sterne über ihnen begannen zu funkeln – heller und wärmer als jemals zuvor.

Als Tjari und Alva ins Dorf zurückkehrten, lag über allem ein goldenes Leuchten. Der Himmel strahlte wie neu geboren, und die Wichtel jubelten. Überall wurden Laternen entzündet, und ihr Licht tanzte in den Fenstern wie kleine Weihnachtssterne.

Die Mama nahm ihre Kinder fest in die Arme. „Ihr habt das Licht heimgebracht", flüsterte sie bewegt.
„Wir haben der Sternschnuppe geholfen", sagte Alva stolz.
„Und dabei unseren Mut gefunden", ergänzte Tjari.
Svara, die alte Wichtelfrau, nickte mit glänzenden Augen. „So ist es mit der Sternschnuppe", sagte sie leise. „Sie lebt von dem, was ihr in euch tragt – Liebe, Vertrauen und Freundschaft. Das ist das wahre Licht von Weihnachten."
An diesem Abend kuschelten sich die Geschwister in ihr Bett, sahen durch das Fenster in den funkelnden Himmel und wussten: Ganz gleich, wie dunkel eine Nacht sein konnte – ihr Licht würden sie nie verlieren.

Mein Fantasiebild:

10

Das Drachenei

„Was ist das denn?"

Luna blieb mitten auf dem verschneiten Marktplatz stehen und starrte auf das große, schimmernde Etwas im Schnee.

Neben ihr kam Jaro angerannt, keuchend und mit roten Wangen. „Sieht aus wie ... ein Stein?", murmelte er. Doch dann beugte er sich näher und riss erstaunt die Augen auf. „Nein ... das ist ein Ei!"

Ringsum leuchteten die Lichter der Stände, aus den Häusern duftete es nach Lebkuchen und Tannennadeln, und auf dem Dorfplatz glitzerte der große Weihnachtsbaum im Licht der Laternen. Doch in diesem Moment vergaß das ganze Wichteldorf den Weihnachtszauber – denn inmitten des Schnees lag tatsächlich ein Ei.

Und was für eins! Es war so groß wie ein Wichtelkind, rund und glatt, und schimmerte in den Farben von Blau, Gold und Silber, als hätte jemand den Winter selbst hineingezaubert. Das Eis darunter war geschmolzen, und eine leise Wärme ging davon aus.

„Rührt das keiner an!", rief ein älterer Wichtel und trat vorsichtig näher. „So was hab ich noch nie gesehen!"

„Vielleicht ist es verzaubert", flüsterte jemand.
„Oder ein Geschenk vom Weihnachtsstern", meinte eine Wichtelfrau ehrfürchtig.
Doch bevor jemand weiterreden konnte, bebte der Boden leicht – und ein leises Knacken erklang.
„Habt ihr das gehört?", rief Jaro und machte einen Schritt zurück.
„Es bewegt sich!", piepste Luna und hielt den Atem an.
Das Ei begann zu wackeln, Risse zogen sich über die glänzende Schale, bis ein Stück nach dem anderen abfiel. Dann – mit einem kleinen Plopp – rollte ein winziges, glänzendes Wesen heraus und landete direkt in einer Schneeverwehung.
„Ein Drache!", keuchte jemand.
Tatsächlich – ein kleiner Babydrache hob vorsichtig den Kopf. Seine Schuppen glitzerten wie winzige Eissplitter in Blau, Gold und Silber, und auf seinem Rücken schimmerten zwei zarte Flügel, noch halb durchsichtig wie Frostglas. Seine Augen leuchteten golden und blickten neugierig in die Runde, während aus seiner kleinen Nase eine Wolke warmer Dampf stieg. Er schüttelte sich, und ein leises, glucksendes Geräusch entwich ihm, das fast wie ein Lachen klang.
Ein aufgeregtes Gemurmel ging durch das ganze Dorf. Überall tuschelten Wichtel durcheinander, und keiner wusste so recht, was er tun sollte.

„Ein Drache! Im Wichteldorf!“, rief jemand entsetzt.
„Das ist bestimmt gefährlich!“, sagte ein anderer und rückte vorsichtig ein paar Schritte zurück.
Luna stellte sich schützend vor das kleine Wesen, das gerade unbeholfen durch den Schnee stapfte.
„Er tut doch gar nichts!“, rief sie empört.
Jaro nickte. „Er ist noch ein Baby! Seht ihn euch doch an!“
Der Babydrache blinzelte mit seinen goldenen Augen, als wolle er verstehen, worüber die Wichtel so laut redeten. Dann stolperte er über seinen eigenen Schwanz, purzelte in eine Schneehäufung und prustete ein paar kleine Rauchwölkchen aus. Einige Wichtel kicherten, andere schüttelten nur besorgt den Kopf.
„Wir müssen ihn zurückbringen“, sagte der alte Wichtel Brom, der stets die lauteste Stimme hatte. „Die Drachenmutter sucht ihn sicher schon – und wenn sie kommt, dann gute Nacht, ihr Lieben!“
„Aber sie weiß doch gar nicht, wo er ist“, wandte Luna ein.
„Dann kümmern wir uns eben, bis sie ihn findet“, schlug Jaro vor. „Es ist doch fast Weihnachten – da kann man doch niemanden allein lassen!“

Die Wichtel sahen sich unsicher an. Brom brummte etwas Unverständliches, während der kleine Drache gerade mit Borro, dem Dorfhund, zu spielen begann. Der bellte fröhlich, wedelte mit dem Schwanz und hüpfte um den Drachen herum. Das Drachenbaby gluckste und patschte mit den Pfoten in den Schnee, als würde es lachen.

„Na gut, süß ist er ja schon", murmelte eine Wichtelfrau und lächelte vorsichtig.

Doch in diesem Moment zog der Drache die Nase kraus.

„Oh nein", flüsterte Jaro. „Das sieht nicht gut aus!"

Ein kräftiges „HATSCHI!" erschütterte den Marktplatz – und im selben Augenblick schoss ein kleiner Feuerstrahl aus seiner Schnauze. Er traf einen Stapel Heu neben dem Apfelstand, und binnen Sekunden stieg Rauch auf.

„Wasser! Schnee! Schnell!", rief Brom.

Alle Wichtel rannten durcheinander, warfen Schnee über die Flammen, bis das Feuer zischend erlosch.

Der kleine Drache sah erschrocken auf seine dampfenden Pfoten und quietschte kläglich.

„Er wollte das nicht!", rief Luna verzweifelt. „Er kann doch nichts dafür!" „Luna, wir müssen herausfinden, warum er hier ist", sagte Jaro leise und sah den kleinen Drachen an, der mit seinen Pfoten den Schnee zu kleinen Häufchen schob.

Ein älterer Wichtel trat vor und zupfte sich nachdenklich am Bart. „Nur einer im ganzen Dorf kennt sich mit Drachen aus“, sagte er leise. „Wichtel Elvor.“ Bei diesem Namen wurde es still. Jeder im Dorf kannte Elvor – den alten Zauberwichtel, der weit draußen am Waldrand lebte. Er sprach selten mit jemandem und verbrachte die meiste Zeit damit, in alten Büchern zu lesen oder mit seltsamen Lichtern zu experimentieren, die nachts aus seinem Fenster leuchteten. Manche sagten, er könne mit Sternen reden.

Luna und Jaro sahen sich an.

„Dann müssen wir zu ihm“, sagte Jaro entschlossen.

„Aber Elvor mag keine Besucher“, flüsterte Luna.

Jaro grinste. „Vielleicht mag er Drachen.“

Der kleine Drache hob neugierig den Kopf, als hätte er verstanden, dass es um ihn ging. Er gluckste leise und tappte ihnen ein paar Schritte entgegen.

„Na gut, dann komm mit, Kleiner“, sagte Luna und lächelte. „Wir bringen dich zu Wichtel Elvor.“

Auf dem Weg zu Elvor überlegten sie, wie ihr neuer Freund heißen sollte. „Vielleicht Bello? Oder Rex?“, schlug Jaro vor und beide mussten lachen. Dann sah Luna den kleinen Drachen an, der fröhlich durch den Schnee stapfte. „Nepin“, sagte sie leise. „Das ist schön.“

Am Rand des Waldes stand Elvors Haus – klein und schief, halb im Schnee versunken. Zwischen den Holzbrettern wuchsen Eiszapfen wie gläserne Blumen, und aus dem Schornstein stieg bläulicher Rauch, der in der kalten Luft glitzerte. Im Fenster brannte ein einzelnes Licht, warm und golden – es flackerte, als wüsste es, dass Besuch kam.
„Sieht irgendwie magisch aus“, flüsterte Luna.
„Oder ein bisschen verrückt“, murmelte Jaro.
Sie klopften an. Einen Moment lang war alles still, dann öffnete sich die Tür knarrend. Ein alter Wichtel mit einem langen, silbergrauen Bart und einer Brille, die ihm halb von der Nase rutschte, blickte sie erstaunt an.
„Luna, Jaro ... was macht ihr denn hier?"
Jaro trat einen Schritt vor. „Wir ... wir haben etwas gefunden.“
Elvors Blick folgte Jaros Hand, die auf den kleinen Drachen zeigte. Für einen Moment weiteten sich seine Augen, dann lächelte er leise. „Ein Sternendrache“, murmelte er ehrfürchtig. „Seit hundert Jahren hat sich keiner mehr gezeigt.“ Sie traten ein. Drinnen war es warm, und es roch nach Kräutern und Kerzenwachs. Überall stapelten sich Bücher und an der Decke hingen getrocknete Mistelzweige.
Elvor lächelte und ließ sich in seinen alten Stuhl sinken. „Wisst ihr, Kinder,“ begann er mit leiser Stimme, „alle hundert Winter sendet der Weihnachtsstern ein Drachenei auf die Erde.

Es landet immer dort, wo Güte, Dankbarkeit und ein gutes Herz wohnen. Der Drache, der daraus schlüpft, ist ein Geschenk – ein Wächter des Friedens."

Luna sah zu Nepin hinüber, der sich zusammengerollt hatte und leise schnaufte.

„Also ist er hier, weil ... wir gut waren?"

Elvor nickte. „Ja. Der Stern hat unser Dorf erwählt." Dann wurde sein Blick ernst. „Aber denkt daran – ein Sternendrache spiegelt das Herz der Wichtel, unter denen er lebt. Solange ihr freundlich seid, teilt und füreinander da seid, bleibt er sanft und gut. Doch wenn Missgunst, Zorn oder Streit wachsen, dann wird auch Nepins Herz kalt ... und sein Feuer gefährlich."

Jaro schluckte. „Dann müssen wir dafür sorgen, dass er immer freundlich bleibt."

Der alte Wichtel beugte sich zu Nepin hinunter und legte ihm behutsam die Hand auf die Stirn. „Du bleibst bei mir, kleiner Freund. Ich werde dich lehren, was es heißt, über dieses Dorf zu wachen."

Draußen begann leise Schnee zu fallen, und über den Baumwipfeln erschien der Weihnachtsstern – heller als je zuvor.

Sein Licht legte sich wie eine weiche Decke aus Frieden über das Dorf.

Seit jenem Winter lebte Nepin bei Elvor. Und so lange die Wichtel Herzensgüte, Freundschaft und Liebe in sich trugen, blieb er ihr treuer Beschützer – ein Geschenk des Weihnachtssterns, das sie stets daran erinnerte, dass das schönste Geschenk von allen ein warmes Herz ist.

Mein Fantasiebild:

11

Der Weihnachtszauber

Im verschneiten Wichteldorf war es still und friedlich.
Die kleinen Häuser trugen dicke Schneemützen und aus den Schornsteinen stieg weißer Rauch in den Himmel.
Überall glitzerten Lichter und auf dem großen Marktplatz stand ein prachtvoller Weihnachtsbaum, geschmückt mit goldenen Nüssen, glänzenden Äpfeln und kleinen Holzsternen, die in der Wintersonne funkelten.
Heute war Weihnachten – der schönste Tag im ganzen Jahr.
Im Dorf herrschte fröhliches Treiben, denn am Abend sollte das große Wichteln stattfinden.
Das war eine alte, liebevolle Tradition:
In den Tagen vor Weihnachten bastelten, schnitzten oder backten die Wichtel kleine Geschenke.
Jedes wurde sorgfältig eingepackt und heimlich unter den großen Baum gelegt.
An Heiligabend durfte sich dann jeder Wichtel eines dieser Päckchen nehmen – niemand wusste, von wem es kam.
So bekam jeder Wichtel ein Geschenk und konnte sich freuen.

Nur Kael und Elin, zwei kleine Wichtelkinder, hatten noch kein Geschenk.

Sie hatten tagelang überlegt, aber ihnen wollte einfach nichts einfallen.

„Ich möchte, dass sich der Wichtel, der unser Geschenk bekommt, so richtig freut“, sagte Elin leise und sah zum großen Weihnachtsbaum hinüber, der in der Wintersonne glitzerte.

Kael nickte. „Dann muss es etwas Besonderes sein. Etwas, das von Herzen kommt.“

Er seufzte. „Aber was nur?“

„Komm“, sagte Kael schließlich. „Wir gehen ein Stück durchs Dorf. Vielleicht finden wir unterwegs eine Idee.“

Elin nickte und gemeinsam stapften sie hinaus in den frischen Schnee, während über ihnen die helle Wintersonne langsam höherstieg.

Der Weihnachtsmorgen war still und klar.

Der Schnee glitzerte, als hätte jemand tausend kleine Sterne auf die Erde gestreut und über dem Dorf lag ein feiner Duft nach Tannengrün und süßem Gebäck.

Ein leises Lachen wehte durch die Luft, als Kael und Elin durch den weichen Schnee stapften. Ihre Mützen wippten bei jedem Schritt und kleine Schneeflocken tanzten um ihre Stiefel.

Aus den Fenstern schimmerte warmes Licht und hier und da hörte man das Klirren von Tassen oder das Summen eines Liedes.

Ein paar Wichtelkinder rollten Schneekugeln, während andere letzte Schleifen an Geschenke banden.
Alles wirkte fröhlich und friedlich – doch Kael und Elin hatten nur eines im Sinn: eine Idee für ihr Geschenk zu finden.
„Vielleicht finden wir heute etwas Besonderes“, meinte Kael leise.
Elin nickte. „Ich hoffe es“, flüsterte sie und blies kleine Wölkchen in die kalte Luft.
Gerade wollten sie weitergehen, da sahen sie am Weg eine alte Wichtelfrau.
Sie trug einen schweren Korb voller Holzscheite, der ihr immer wieder aus den Armen glitt.
„Oh je“, murmelte Elin, „sie schafft das ja kaum.“
Kael trat sofort vor. „Warten Sie, wir helfen Ihnen!“
Die alte Frau hob überrascht den Kopf, dann lächelte sie müde. „Wie freundlich von euch, kleine Wichtel.“
Kael nahm ihr die Hälfte des Holzes ab, während Elin die Scheite sammelte, die in den Schnee gefallen waren. Gemeinsam trugen sie den Korb bis zu ihrer kleinen Hütte am Waldrand und stapelten das Holz ordentlich neben der Tür.
„Ich danke euch von Herzen“, sagte die Frau und legte eine Hand auf Elis Schulter. „Möge euer Weihnachtsabend so warm werden wie euer Herz.“
Sie winkte ihnen nach, bis sie zwischen den verschneiten Bäumen verschwanden.
Auf dem Rückweg fühlten sich Kael und Elin ganz leicht und froh, als hätte das Helfen eine kleine Sonne in ihre Herzen gelegt.

Der Schnee knirschte leise unter ihren Stiefeln, als Kael und Elin zurück ins Dorf gingen.
Die Sonne stand nun hoch am Himmel und ließ den Schnee in tausend Farben glitzern.
In der Ferne hörte man Glocken klingen und irgendwo lachte ein Kind.
„Das war schön", sagte Elin leise und strich mit der Hand über ihren Schal.
Kael nickte. „Ja, irgendwie fühlt es sich... gut an."
Er wusste nicht genau, warum – aber in seinem Bauch war es warm, obwohl der Winterwind kalt um sie wehte.
Sie wollten gerade über die Brücke am Bach gehen, da entdeckten sie einen kleinen Wichteljungen, der am Rand des Weges saß.
Vor ihm lag ein Schlitten, eine der Kufen war gebrochen.
Der Junge sah traurig aus, seine Nase war rot vor Kälte.
„Oh nein", rief Elin und eilte zu ihm. „Was ist passiert?"
„Mein Schlitten ist kaputt", schniefte der Junge. „Ich wollte den Hügel hinunterrutschen, aber jetzt geht gar nichts mehr."
Kael kniete sich in den Schnee und betrachtete den Schlitten. „Warte, das kann man reparieren."
Er suchte einen festen Ast am Wegrand und steckte ihn vorsichtig in die gebrochene Stelle.
Elin pustete den Schnee von der Sitzfläche und malte mit dem Finger ein kleines Herz hinein.
„So, jetzt probier es mal", sagte Kael.

Der Junge setzte sich zögernd auf den Schlitten, stieß sich ab – und sauste lachend den Hügel hinunter. Sein Lachen hallte über den ganzen Platz.
Kael und Elin sahen ihm nach und mussten selbst lachen.
Irgendwie fühlte es sich wieder so an, als würde etwas Warmes in ihnen leuchten – weich, still und wunderschön.
Eine Weile blieben Kael und Elin noch am Hügel stehen und sahen dem kleinen Wichteljungen nach.
Sein Lachen klang wie eine Melodie, die die ganze Luft heller machte.
Schließlich gingen sie weiter.
„Heute ist wirklich ein besonderer Tag", sagte Elin lächelnd.
„Ja", meinte Kael, „aber wir haben immer noch kein Geschenk."
Elin nickte nachdenklich. „Vielleicht finden wir es ja noch."
Der Weg führte sie aus dem Dorf hinaus, dorthin, wo der Wald begann.
Die Zweige der Bäume bogen sich unter dem frischen Schnee und der Boden war weich und glitzernd.
Kael blieb stehen. „Hörst du das?", flüsterte er.
Aus einem Busch kam ein leises Rascheln.
Neugierig traten die beiden näher und entdeckten einen kleinen Igel, der sich zitternd unter ein paar Äste gekuschelt hatte.
Daneben saßen ein Vogel und ein Hase, die dicht beieinander hockten und froren.

„Oh, die Armen", sagte Elin leise.
Ohne zu zögern wickelte sie ihren Schal ab und legte ihn vorsichtig um den Igel.
Kael griff in seine Tasche und holte ein Stück Brot hervor, das sie am Morgen eingepackt hatten.
Er brach es in kleine Stücke und legte es vor die Tiere.
Die drei sahen kurz zu ihnen auf, dann rückten sie enger zusammen und begannen zu knabbern.
Ein paar Schneeflocken fielen sanft auf ihre Nasen und für einen Moment war alles still.
Nur der Wind rauschte leise durch die Zweige und irgendwo sang eine Amsel ihr Lied.
Kael und Elin sahen sich an und lächelten.
In ihnen breitete sich wieder dieses warme, frohe Gefühl aus –
so, als hätte der Winter selbst kurz innegehalten, um ihnen zuzusehen.
Als Kael und Elin den Wald verließen, färbte sich der Himmel langsam golden.
Sie waren den ganzen Tag unterwegs gewesen, ohne es zu merken.
Das Dorf lag still vor ihnen und aus den Schornsteinen stieg Rauch auf.
Bald würde das große Wichteln beginnen.
„Wir haben immer noch kein Geschenk", flüsterte Elin.
Kael sah sie an und lächelte. „Vielleicht ist das gar nicht schlimm."
Er wusste selbst nicht genau, warum er das sagte – aber tief in ihm fühlte sich alles ruhig und hell an.

Auf dem Marktplatz versammelten sich die Wichtel.
Unter dem großen Baum lagen bunte Päckchen und überall glitzerten Lichter.
Die alte Wichtelfrau stand dort und erzählte lachend, wie ihr zwei junge Wichtel geholfen hatten.
Der kleine Junge zeigte stolz seinen reparierten Schlitten und sogar die Waldtiere kamen neugierig näher ans Licht.
Überall lachten die Wichtel, teilten Plätzchen und halfen einander. Das ganze Dorf schien voller Wärme zu sein, als hätte jemand ein großes Licht angezündet.
Kael und Elin standen still zwischen den anderen und sahen sich um. Ihre Eltern kamen zu ihnen und legten ihnen die Hände auf die Schultern.
„Seht ihr all die Freude heute Abend?", fragte die Mutter leise. „Die habt ihr geschenkt." Der Vater nickte. „Eure Freundlichkeit war das schönste Geschenk von allen. Freude ist das Einzige, das sich verdoppelt, wenn man sie teilt." Kael und Elin sahen sich an.
Da war wieder dieses warme Gefühl – stärker als je zuvor. Und sie wussten nun, dass ihr Geschenk längst gefunden war.
Draußen begann es sacht zu schneien.
Das ganze Dorf sang leise Weihnachtslieder und das Licht des großen Weihnachtsbaumes spiegelte sich im Schnee.
Elin flüsterte: „Das schönste Geschenk ist, füreinander da zu sein."
Kael nickte und lächelte. „Ja – das bleibt für immer."

Denn das schönste Geschenk zu Weihnachten sind nicht die Päckchen unter dem Baum,
sondern die Wärme und Freude, die man miteinander teilt.

Mein Fantasiebild:

Liebe Wichtelkinder!

Nun habt ihr viele Abenteuer mit uns erlebt:
Ihr wart mit mutigen Wichteln unterwegs, habt den Eiskönig getroffen, Finnar geholfen, seine besonderen Ohren zu lieben, und Ole, den Schneemann mit dem warmen Herz, kennengelernt.
Ihr habt Iana, die Winterprinzessin gesehen, die Schnee und Eis entstehen lassen konnte, und ihr wart dabei, als Nepin, der kleine Sternendrache, ins Wichteldorf kam.
Jede dieser Geschichten erzählt von etwas Wundervollem – von Mut und Freundschaft, von Vertrauen, Güte und der Wärme, die in jedem Herzen wohnt.
All das zusammen bildet euer Herzlicht – ein Licht, das hell und warm in euch brennt.
Dieses Herzlicht schenkt euch Freude, wenn ihr lacht.
Es macht euch stark, wenn ihr an euch glaubt.
Und es wärmt euch, wenn ihr mit Menschen zusammen seid, die euch lieb haben.
Euer Herzlicht verlöscht niemals.
Es begleitet euch durch jeden Winter und Frühling, durch helle Tage und dunkle Nächte.
Es erinnert euch daran, dass ihr die Welt heller macht – einfach, weil es euch gibt.
Vergesst nie:
Ihr seid ein Geschenk für diese Welt.

Mit all unserer Wichtelliebe
und Herzlichtwärme –

Eure Wichtel!

Meine LIEBSTEN Wichtelgeschichten:

Zuende gelesen am:..

Meine Lieblingsgeschichte war:...

Mein Lieblingswort dieses Buches:...

Der schönste Wichtelname für mich ist:......................................

Hier habt ihr Platz für ein Erinnerungsfoto:

QR CODE für Ausmalbilder

Einfach scannen!

✨ Für euch, liebe Eltern ✨

Damit die Geschichten noch lebendiger werden, haben wir für eure Kinder magische Ausmalbilder vorbereitet.

Hinter dem QR-Code findet ihr eine PDF-Datei mit liebevoll gestalteten Ausmalbildern – zum Ausmalen, Träumen und Gestalten.

So können die Kinder die Abenteuer der Wichtel noch einmal auf ihre eigene Weise erleben und ihre Fantasie weiter entfalten.

Einfach den QR-Code scannen – und schon öffnet sich die kleine Ausmalwelt!

Printed in Poland
by Amazon Fulfillment
Poland Sp. z o.o., Wrocław

60458958R00066